AF369475

NOTICE

SUR

LA BALEINE

ÉCHOUÉE PRÈS D'OSTENDE,

ET SUR LES FÊTES DONNÉES PAR M. KESSELS.

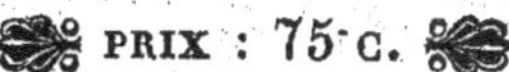 PRIX : 75 c.

PARIS.

LE NORMANT, RUE DE SEINE, N° 8.
VEZARD, PASSAGE CHOISEUL, N° 44-46.
DENTU, PALAIS-ROYAL.

NOTICE

SUR

LA BALEINE.

NOTICE

SUR

LA BALEINE

ÉCHOUÉE PRÈS D'OSTENDE, LE 5 NOVEMBRE 1827,

ET

SUR LES FÊTES DONNÉES PAR H. KESSELS,

A L'OCCASION DE LA PRISE DE POSSESSION,

AU NOM DE SA MAJESTÉ LE ROI DES PAYS-BAS,

DU SQUELETTE DE CE CÉTACÉ.

Par Bernaert.

PARIS.

LE NORMANT FILS, IMPRIMEUR DU ROI, RUE DE SEINE, N° 8.

1829.

DÉDIÉ

A

M. H. KESSELS,

Comme un témoignage du souvenir et de l'estime de
l'auteur.

BERNAERT.

PRÉFACE.

On a consigné aux pages de l'histoire des relations de pompes triomphales ou de fêtes données à l'occasion de quelque circonstance remarquable. Les chroniques, les annales des villes sont remplies de semblables détails. S'ils n'offrent pas l'intérêt attaché aux grands événemens, le lecteur citoyen y retrouve du moins, avec satisfaction, le nom de ses pères; il se retrace, non sans émotion, les plaisirs auxquels ils ont participé, le bonheur dont ils ont pu jouir. Ces réjouissances civiques, ces fêtes populaires, ces souvenirs de famille, ont je ne sais quel charme qui survit à l'objet qui les a fait naître.

Au milieu du faste qui célèbre le triomphe des conquérans, on éprouve un sentiment involontaire de tristesse : le cœur se resserre au souvenir du sang que coûte la victoire. Mais on goûte un plaisir pur et sans mélange, dans les jeux destinés à perpétuer la mémoire d'une action généreuse, d'un fait intéressant pour la science ou pour les arts.

C'est ainsi qu'on se plaît encore à se rappeler

les hommes dont le génie entreprenant, éclairé par le patriotisme, conserve à leur pays un monument précieux, tel, par exemple, que le chef-d'œuvre du règne organique ; ces hommes qui, associant la philantropie à leurs spéculations, les font tourner au profit du malheur, à l'avantage du lieu qu'ils habitent et à l'agrément de leurs concitoyens.

Ces considérations ont déterminé l'auteur de cette brochure, à recueillir et coordonner des matériaux disséminés, et à faire imprimer une Notice sur la baleine royale d'Ostende, et sur les fêtes données par M. Kessels, à l'occasion de la prise de possession, au nom de S. M. le roi des Pays Bas, du squelette de ce cétacé. Il espère que les habitans d'Ostende verront avec plaisir la publication de cette Notice, dédiée à celui dont l'entreprise a, par ses suites, répandu tant de bien dans les murs de cette ville.

L'indulgence des lecteurs et la satisfaction d'avoir pu se rendre l'interprête de l'opinion publique, seront la récompense des travaux de l'auteur.

NOTICE

SUR LA BALEINE

ÉCHOUÉE PRÈS D'OSTENDE,

ET

SUR LES FÊTES DONNÉES PAR M. KESSELS.

Le 19 septembre 1826, l'explosion d'un magasin à poudre avait répandu la désolation dans Ostende : victime de ce désastre, cette ville se relevait à peine de ses ruines. Un événement simple quoique rare, mais dont les suites devaient long-temps exciter la curiosité publique, vint, sinon effacer, du moins affaiblir l'image de la fatale explosion.

Le 4 novembre 1827, l'équipage d'un bateau pêcheur de cette ville, découvrit flottant dans la mer du Nord, entre les côtes de l'Angleterre et la Belgique, le corps d'une baleine morte. Ces marins tentèrent d'attacher et de remorquer le cétacé ; mais l'amarre s'étant rompue, ils renoncèrent à leur projet. Le patron *Janssoone*, de la chaloupe le Dolfyn d'Ostende, aperçut ensuite le cétacé, renouvela la tentative, et reconnut bientôt l'impossibilité de faire mouvoir et de diriger cette masse colossale. Il appela à son aide deux autres chaloupes (de jonge Isabella en Cornelis, et de jonge Matilda, patrons *G. Genachte* et *J. Devos*), et par leurs efforts réunis, surmontant les difficultés, les trois bateaux parvinrent le lendemain à la vue du port d'Ostende. Au moment d'y entrer, l'animal toucha aux pilots du *musoir;* la remorque trop longue se rompit, et la baleine vint échouer à plusieurs centaines de toises à l'est du port, et à une assez grande distance des dunes.

L'échouement de ce monstrueux habitant des mers était un événement remarquable. A la vérité, on avait trouvé, mais rarement et dans d'autres siècles, de ces grands cétacés sur les côtes de la Flandre, mais les dimensions en étaient beaucoup plus petites, et la génération actuelle n'en avait point encore vu.

En l'année 1178, le magistrat de Bruges offrit au comte *Philippe* un monstre marin, qu'une grande tempête avait jeté sur le rivage près d'Ostende. Cet animal avait environ 42 pieds de longueur : la forme de la gueule et celle de la tête tenaient (*dit-on*) de celle du bec de l'aigle et de la figure d'une épée.

Les chroniques de Flandre rapportent qu'au mois de novembre 1402 ou 1403, un ouragan fit échouer 8 baleines devant le port d'Ostende. La longueur des plus grandes fut évaluée à près de 70 pieds, et chacune produisit environ 24 tonnes de lard.

Le 20 janvier 1762, on découvrit encore un cétacé mort, sur la côte entre Blankenberg et Ostende, à une demi-lieue de cette dernière ville. On n'est point certain si c'était un *cachalot* ou un *épaulard;* il paraît cependant que sa conformation devait lui faire donner de préférence la dernière dénomination. Après avoir été exposé, pendant cinq jours, aux regards des curieux, il fut vendu au profit du Souverain, pour la somme de 192 florins courans de Flandre (environ 400 francs). Un ingénieur français en constata les dimensions.

Environ 66 ans après, échoua la baleine qui fait l'objet de la présente Notice. Ce spectacle nouveau attira bientôt une foule innombrable ; la grève et les remparts de la ville furent couverts de spectateurs.

Les équipages des bateaux, propriétaires de la baleine, réclamèrent et obtinrent de leurs armateurs la faculté de la conserver et de la faire voir aux curieux pendant la durée d'une semaine. La nouvelle, insérée dans les papiers publics, s'était répandue dans les provinces voisines avec une rapidité incroyable : les habitans et les étrangers accouraient de toutes parts, même de lieux assez éloignés. Pendant quelque temps, Ostende fut rempli d'une multitude de personnes, hommes, femmes, enfans, de tout rang, de tout âge, de langages et de costumes différens. Les hôtels, les auberges, les cabarets, regorgeaient de monde. Cette masse confuse, empressée de satisfaire sa curiosité, offrit aux regards un tableau des plus animés, et augmentant considérablement la consommation, causa dans la ville une très grande circulation de numéraire.

Cependant M. Herman Kessels, à Ostende, conçut le projet de faire l'acquisition de la baleine, et de conserver dans le royaume un si beau et si vaste monument d'histoire naturelle. Il s'était déjà fait connaître par son esprit entreprenant, une rare persévérance et par sa courageuse philantropie. Au commencement de l'année 1827, une gelée aussi prompte que rigoureuse menaçait une nombreuse population indigente de toutes les horreurs du besoin et du froid : le moindre retard dans la distribution des secours eût été fatal. On vit alors M. Kessels s'offrir avec empressement, s'entourer de quelques autres philantropes, élever des chauffoirs publics, confectionner une soupe saine et excellente, et faire journellement (pendant toute la durée de la saison la plus rude) la distribution d'une quantité étonnante de cet aliment à des milliers de malheureux. Pour couvrir ces dépenses extraordinaires, il s'adresse à l'humanité des personnes aisées, et contribue généreusement lui-même de ses propres deniers. Sa noble action lui obtint à juste titre les bénédictions des pauvres et l'estime des cœurs bienfaisans.

Le nouveau projet de M. Kessels fut presque aussitôt exécuté que conçu. Le cétacé lui avait été vendu à l'amiable pour fl. 2000 des Pays-Bas : enfin le 10 novembre, il lui fut adjugé publiquement et conjointement avec M. Dubar, au prix de 3000 florins (6230 fr.). Dès cet instant, guidé par son zèle, son patriotisme et sa philantropie, M. Kessels mit tout en œuvre pour réaliser le vaste plan qu'il s'était formé. Il chercha à s'entourer de toutes les lumières qu'il lui fut possible de se procurer ; il vit et consulta des savans, des hommes de l'art, des naturalistes ; il s'appliqua sans relâche à surmonter les difficultés qui renaissaient à tout moment. Vainement fit-on aux propriétaires de la baleine différentes offres pour obtenir d'eux la cession de leur marché ; ces offres furent rejetées. Prières, promesses, rien ne les toucha ; ils furent inébranlables et demeurèrent propriétaires.

Dès le moment de l'échouement, et même auparavant, les opinions avaient été partagées sur l'espèce du cétacé : chacun (et, en pareil cas, le plus ignorant même n'est pas le moins pressé) avait donné son avis. On entendait dans toutes les bouches les termes de *cachalot*, *épaulard*, *gabbard*, etc. Bientôt l'examen permit aux naturalistes de comparer et de raisonner. L'absence des dents et l'indice qu'il y avait, ou qu'il y avait eu des fanons au palais, firent reconnaître l'animal pour une baleine : on vit que c'était une femelle. Sa nageoire dorsale la fit placer dans le genre des baleinoptères, dont cette nageoire est le caractère distinctif [1]. Les plis longitudinaux qui s'étendaient de la gorge vers le milieu du tronc, indiquaient une *jubarte*, un *rorqual*, ou une *baleine à bec*. Diverses raisons firent donner à l'individu la première de ces dénominations. Toutefois on avait consulté les ouvrages de plusieurs savans naturalistes qui professent, sur ce point, des opinions contraires : l'illustre Cuvier avait même établi que tous les baleinoptères à gorge plissée sont de la même espèce [2]. Un doute modeste était donc un devoir.

Vers la fin de novembre, M. Kessels fit à Paris un voyage, dont il ne fut de retour que le 24 décembre : il y conduisit MM. Dubar et Paret. Ils consultèrent de nouveau M. Cuvier, l'oracle de l'anatomie comparée. L'obligeant savant, à qui on fit voir les dessins faits d'après nature, aida

---

[1] Le comte de Lacépède.

[2] Observations de M. l'avocat Donny, des 7 et 10 novembre, où il rappelle cette opinion de M. Cuvier, extraite de ses *Recherches sur les ossemens fossiles*. L'auteur de ces observations, amateur d'histoire naturelle, a étudié avec soin et succès tout ce qui a rapport à l'animal échoué.

les propriétaires, de ses avis et de ses lumières. Il leur dit que les noms de jubarte ou rorqual ne désignaient qu'un seul et même cétacé ; que les caractères distinctifs étaient si peu tranchés, qu'on pouvait facilement prendre l'un pour l'autre. Toutefois, eu égard à la longueur de l'individu, M. Dubar, en publiant son *Ostéographie*, se détermina à adopter la dénomination de *baleine-rorqual*, au lieu de celle de jubarte qu'il lui avait donnée dans le principe.

Quoi qu'il en soit de la dénomination de l'individu échoué, la Baleine est une des plus grandes des espèces connues. Son squelette, le plus vaste qui soit conservé en Europe, excède de beaucoup en dimension toutes les baleines connues : il a d'ailleurs sur elles l'avantage d'être dans l'état de conservation le plus parfait.

Longueur totale du cétacé :

De celui trouvé le 4 novembre 1827, mètres 51 » environ.
De celui de janvier 1762.......... 16-85 *id.*
Du plus grand, en 1402 ou 1403.. 22-70 *id.*
De celui de l'an 1189........... 15-95 *id.*

La circonférence de l'individu échoué en 1762 fut mesurée ; elle était de 40 pieds de France, ou 13 mètres à peu près : l'individu de 1827 devait avoir le contour beaucoup plus grand.

On avait estimé d'abord de 1-50 à deux mètres

l'épaisseur de la couche de lard qui recouvrait l'animal. Dès le 10 novembre, M. Donny, déjà cité, contesta la possibilité du fait. Il fit observer que la baleine franche, la plus grasse de toutes, est loin d'avoir le lard aussi épais ; que le rorqual, moins gras qu'elle, n'a ordinairement que 3 décimètres environ de graisse à la tête, et 1 sur le corps, et que la jubarte est bien moins grasse encore ; enfin qu'une couche de 1-50 à 2 mètres de graisse pour ce dernier cétacé, aurait 15 à 20 fois au moins autant d'épaisseur que la couche qui d'ordinaire recouvre cet animal. L'*Ostéographie* publiée contient, sur l'épaisseur moyenne du lard de la baleine, les données suivantes qui s'accordent assez avec les observations de M. Donny.

A la gorge. . . . . . . mètres 0-08.

Sur le corps. . . . . 0-10.

Près du bras. . . . . 0-20.

Derrière l'oreille. . . 0-50 à 1 m.

Lors de la dissection, la pesée constata approximativement :

En chairs et parties molles enfouies 83,000 kil.

En lard . . . . , ... 20,000

Faisant ensemble. . . . . 103,000 kil.

Si on ajoute à cette quantité, et tout le putrilage qu'il a été impossible de peser, et la nageoire caudale, et la charpente osseuse de la baleine, et l'eau que contenait sa capacité, la masse totale échouée devait avoir une pesanteur qu'on peut, sans exagérer, porter à 125,000 ou 130,000 kilog. C'est aussi à cette dernière quantité que M. Dubar, dans son *Ostéographie*, évalue la pesanteur totale.

Il est temps de revenir à l'historique de la Baleine, dont cette digression sur la dénomination, les dimensions et le poids, a insensiblement écarté. Il importait aux propriétaires de ne point perdre de temps pour conserver et disséquer le colossal habitant de l'Océan. Sa position était dangereuse ; la marée augmentait chaque jour : un coup de vent d'ouest, très fréquent sur cette côte, dans l'arrière saison, eût suffi pour perdre la Baleine et anéantir les espérances qu'on avait conçues. Ces raisons durent déterminer à se hâter, et à procéder sans retard à la dissection.

M. Kessels cherchait partout des conseils ; mais, par attachement pour le lieu de son domicile, il désirait confier les opérations à des habitans d'Ostende, pour autant toutefois que l'intérèt de la science et de l'art ne souffrît point de son choix. Il résolut d'y employer M. *Dubar*, médecin en cette ville, et que M. Kessels avait associé à son entreprise, et M. *L. F. Paret*, dont cette circonstance a fait ressortir les talens déjà connus de ses concitoyens et des étrangers. Le premier fut chargé de surveiller la dissection et de faire la description de la baleine. A M. *Paret*, naturaliste amateur, dont le cabinet a de tout temps charmé

les curieux, et à qui les établissemens publics
sont redevables de plusieurs belles pièces d'histoire naturelle, à M. *Paret*, fut confié le soin de di-
ger les travaux manuels, afin de conserver à la
science les parties du cétacé, de préparer et per-
fectionner le plus grand squelette qui soit connu.
Les soins, le zèle, l'intelligence de ces Messieurs,
et les connaissances spéciales que possédait le
premier, leur firent remplir leur tâche avec le
plus grand succès, et leur méritent toute la reconnaissance des amis de l'art et des sciences
naturelles.

La dissection fut commencée le 14 novembre,
en présence de médecins et d'hommes de l'art.
A l'ouverture du ventre, la vue fut frappée d'une
masse d'objets totalement pourris, et l'odorat
blessé de l'infection épouvantable qu'ils répan-
daient à l'entour. Le temps écoulé depuis la mort
de la baleine, et celui pendant lequel on avait
dû la laisser en possession des équipages, avaient
porté la putréfaction au plus haut degré. On ne
put donc rien déterminer exactement ni sur la
position des intestins, ni sur la dénomination des
parties. Néanmoins, on dut à la constance et aux
talens des intéressés la conservation de quelques
parties fortement membraneuses, et notamment
des parties externes de la génération, demeurées
intactes. Dans cet état de choses, et pour accé-
lérer l'opération, on fit le dépècement sur la

plage, et on travailla, même de nuit, aux flam-
beaux, à l'aide de soixante-deux ouvriers. Une
maison de bois avait été construite près du lieu
de l'échouement; et rien de ce qui était utile ne
fut négligé.

Le putrilage et les parties molles furent en-
fouis dans le sable : on se servit pour nettoyer la
partie osseuse, d'une lessive de savon et de po-
tasse : le lard provenant de la baleine fut mis en
tonnes : et, pour conserver la nageoire caudale
en son entier, on la mit dans un grand bac rempli d'abord d'esprit d'eau-de-vie, ensuite d'eau
saturée de sublimé corrosif. Le succès couronna
les efforts qu'on avait faits jusqu'à ce moment; et
le 19, le squelette, entièrement disséqué, fut
emmagasiné.

Le même jour, à l'occasion de l'anniversaire
de la naissance de S. M. la Reine, M. Kessels
donna, sur la place même de l'échouement, une
fête à tous les ouvriers qui avaient été employés,
et aux membres de leurs familles. Un repas leur
fut servi : seize danseurs formèrent des quadrilles
dans l'intérieur de la mâchoire inférieure, et
cent-quatorze personnes y burent à la santé de
l'auguste protectrice des Belges.

On put dès-lors s'occuper sérieusement des
préparatifs nécessaires pour monter et mettre en
état de perfection le squelette de la Baleine.
M. Kessels entreprit, avec ses collaborateurs, le

voyage de Paris, dont il a déjà été fait mention. Les lumières du savant *Cuvier* leur furent de la plus grande utilité. L'admission aux cabinets royaux, les explications de l'illustre professeur, et l'examen de dessins précieux, facilitèrent au naturaliste l'exécution du travail important qui lui était confié. Les voyageurs revinrent enchantés de l'accueil obligeant qu'ils avaient reçu, et remplis de la plus agréable espérance.

M. Kessels, toujours actif, ne cessait de s'occuper de tout ce qui concernait son entreprise. Le 24 janvier 1828, il mit en adjudication publique 66 tonnes de lard provenant de la baleine. Dix jours auparavant, il avait adjugé publiquement l'entreprise de la construction d'un pavillon destiné au squelette de l'énorme cétacée. Deux charpentiers, en cette ville, se rendirent adjudicataires.

Pendant qu'on s'occupait de cette construction et des autres travaux, M. *Dubar*, chargé de la description du cétacé, achevait le manuscrit et soignait l'impression de l'*Ostéographie de la Baleine*. Cet ouvrage terminé, et dédié à M. H. Kessels, sortit des presses de MM. *Laurent frères*, à Bruxelles. Il est orné de treize planches lithographiées, représentant en détail les parties du squelette : ces lithographies sortent des ateliers de M. *Jobard*.

M. *Van Cuyck* fut également chargé par

M. Kessels de l'exécution de deux dessins, représentant, l'un, la baleine après son échouement, et l'autre, le squelette du cétacé à l'époque où on se préparait à l'emmagasiner. Ces dessins sont le sujet de deux belles et grandes lithographies, que le propriétaire fit tirer à deux mille épreuves.

Ce n'est point ici le lieu d'analyser l'*Ostéographie* publiée par M. *Dubar*, qui antérieurement avait mis au jour diverses productions littéraires et scientifiques [1]. C'est aux savans et aux gens de l'art qu'il appartient de juger du mérite de son dernier ouvrage : les éloges ou la critique de l'homme qui n'est point versé dans la connaissance des sciences naturelles, ne peuvent rien ajouter ou enlever à la réputation de l'écrivain. Il est juste néanmoins de le féliciter de sa persévérance, de ses recherches critiques, et des soins apportés à la rédaction et à l'impression de l'*Ostéographie*. L'auteur de la Notice y a souvent eu recours pour des faits intéressans : ce n'est qu'avec beaucoup de réserve, qu'il s'est permis de la contredire en quelques points.

Les travaux avançaient de toutes parts. Le squelette avait été conduit en ville. Pour le transport des plus forts ossemens, on avait été obligé de

[1] *Voyages de la reine Caroline d'Angleterre; Annales de littérature médicale britannique; le Guide des Baigneurs,* etc.

faire construire des caisses d'une grandeur extraordinaire et de forme convenable ; pour voi-
turer ces caisses, il fallut faire monter des chars
d'une force et de dimension suffisantes, user des
plus grandes précautions, et employer l'aide d'un
grand nombre d'ouvriers. Enfin la totalité du
squelette arriva en ville sans accident, et fut
provisoirement déposé à l'Hôtel du Commerce.

Les charpentiers travaillèrent avec assiduité à
la construction du pavillon. Après l'avoir achevé
et monté dans la cour de l'hôtel de Saint-Sébastien, ils en firent démonter et numéroter toutes
les pièces, qui furent ensuite transportées sur le
quai de l'Empereur, en face de l'Hôtel du Commerce. C'est là que ce temple consacré au géant
des mers s'éleva, comme par enchantement, en
trois jours de tems, au commencement d'avril.
La grandeur et la beauté du bâtiment, la rapidité
de sa construction, éveillèrent la curiosité pu
blique : le bassin devint le lieu de rendez-vous
des promeneurs ostendais.

L'entrée principale fut posée vers l'Orient.
Elle se présente sous la forme d'un portique, où
l'on pénètre par un escalier de 3 marches : de
chaque côté du vestibule se trouve un cabinet.
A l'extrémité opposée, existe une autre porte
donnant accès à deux chambres d'habitation qui
communiquent au salon de la baleine. Le pavillon est éclairé par 26 croisées latérales percées

à une très grande hauteur. Les pièces d'habitation reçoivent le jour par des fenêtres à hauteur
d'appui ; sur le devant, deux autres croisées très
élevées éclairent encore l'intérieur du salon :
toutes sont fermées par des persiennes. Le bâtiment entier, peint à l'huile, est entouré d'une
balustrade à jour à la distance d'environ 1 mètre.
Au dedans, le salon de la Baleine, qui occupe
toute la largeur du pavillon, est élégamment peint
et décoré. Autour de ce salon règne une galerie
formée de colonnes très minces, et plus élevée
que le milieu de la pièce, dont la sépare une cloison à hauteur d'appui. Le ciel de cet appartement
est en soie de couleur azurée au centre, et brune
sur les bords, ainsi qu'au dessus de la galerie.
Des rideaux en soie orange et verte, ornent les
fenêtres. Le plancher est entièrement recouvert
de nattes fines : là doit être déposé le squelette
de l'animal. Dans la partie inférieure, sont placés
des siéges, un canapé et d'autres meubles. Les
deux lithographies du cétacé, pendent aux colonnes, dans de riches cadres : à l'intérieur, et
le long de la cloison de la galerie, sont vingt-
deux tableaux peints par M. *Van Cuyck*, tous
relatifs aux armemens et pêche maritime, à la
chasse aux phoques, aux ours, etc. — On remarque entr'autres sujets :

L'arrivée à Ostende, de la baleine remorquée
par trois chaloupes de pêche ;

La scène de l'ouverture du cadavre de l'animal, sur le rivage ;

Une vue du bassin d'Ostende, prise de l'entrée du canal de Bruges, représentant en perspective l'Hôtel du Commerce, le pavillon de la Baleine, le débarquement des tonnes d'huile provenant du cétacé, etc.

En pénétrant dans ce lieu consacré à un chef-d'œuvre d'anatomie, l'œil était moins frappé de la beauté des décors, que de la grandeur des proportions, en harmonie avec celles de l'objet auquel le salon était destiné. Il ne paraîtra donc pas déplacé d'offrir ici le tableau des dimensions de la loge, pour en achever la description.

Ensemble du bâtiment :

Longueur totale................	33 mètres	35 centim.
Largeur......................	11	80
Hauteur, prise du plancher au sommet du toît.................	11	80
Hauteur latérale...............	4	50

Portique extérieur, et cabinets y attenant :

Largeur......................	7	50
Hauteur, au centre........	6	»
Profondeur	2	»

Salon de la Baleine :

Longueur......	32	»
Largeur......................	11	80
Hauteur, au centre.............	5	50

Nombre des piliers de la galerie........ 16
Nombre de croisées.................. 26
Leur élévation au-dessus du sol..... 2 mètres 50 centim.
——— hauteur................. 1   80
——— largeur 1   20

Depuis l'instant où le squelette était entré à l'Hôtel du Commerce, M. Paret avait employé toutes les ressources de l'art pour s'acquitter honorablement de la tâche importante et délicate qu'il s'était imposée : toutes ses combinaisons tendaient à ce que la plus vaste pièce anatomique, en sortant de ses mains, fût aussi la plus parfaite de toutes.

Aidés d'une dixaine d'ouvriers choisis, les naturalistes travaillèrent avec constance et sans se laisser jamais décourager par les difficultés. A différentes reprises et de manières différentes, ils essayèrent de rassembler et rattacher convenablement toutes les parties du colosse, s'assurèrent des meilleurs instrumens et des métaux les plus propres à unir et soutenir ces parties, modifièrent et améliorèrent les moyens d'exécution, et atteignirent enfin le but de leurs désirs. Ils justifièrent la confiance qu'on avait mise en eux, ils eurent à se féliciter de leur louable hardiesse ; en un mot ils exécutèrent, à la satisfaction générale, un véri-chef-d'œuvre de l'art anatomique.

Les opérations préparatoires s'étaient faites

dans la grande salle de Saint-André, seule assez vaste pour contenir le cétacé dans sa longueur. Lorsqu'elles furent terminées et qu'on eut mis le pavillon en état de recevoir le squelette, M. Paret le fit démonter dans la salle et transporter au pavillon, où toutes les pièces furent de nouveau rajustées avec la plus grande précision.

Les parties séparées de la colonne vertébrale furent jointes et maintenues à l'aide de sept barres de fer de $\frac{5}{4}$ de pouce carré, traversant les vertèbres; les côtes furent accrochées à celles-ci et réunies par le moyen de crochets en cuivre et d'œillets. L'ensemble du colosse était soutenu par de grands chevalets de fer, chacun de hauteur proportionnelle à la partie qu'il devait supporter. Les extrémités, et notamment les divisions de la tête, reposaient sur les bras d'autres fortes branches aussi en fer et fixées verticalement [1] : du liége artistement taillé et placé préservait des dégradations qu'aurait pu causer le frottement du métal. La réunion de toutes les parties présentait le squelette du cétacé dans sa position naturelle. Dans la poitrine on ménagea un emplacement, disposé de manière à recevoir un orchestre complet.

M. Kessels n'avait point cessé de diriger les

---

[1] Les chevalets et supports dont on s'était servi pour les opérations préparatoires étaient de bois.

travaux divers que nécessitait son entreprise ; entreprise d'autant plus utile, qu'elle avait puissamment contribué, par de généreux salaires et pendant tout l'hiver, à entretenir un nombre considérable d'ouvriers et leurs grandes familles. On le voyait sans cesse partout, et à la tête des travailleurs, qu'il animait par l'exemple de son activité. Un autre eût peut-être succombé sous le poids de ces occupations multipliées ; accablé de fatigue ou tourmenté par la fièvre, M. Kessels ne se laissa jamais abattre. Sa persévérance surmonta toutes les difficultés.

Le désir de conserver la Baleine dans le royaume, avait été l'un des motifs qui le déterminèrent à en faire l'acquisition : il ne perdit jamais de vue ce motif puissant. Lorsqu'il vit approcher le terme de la perfection du squelette, il résolut de mettre à exécution le dessein qu'il avait long-temps médité. Il voulut, sans nuire aux intérêts de sa nombreuse famille, que ce squelette sans égal servît à l'utilité générale, que sa conservation et sa durée fussent certaines : il comprit que cette pièce intéressante devait passer au pouvoir d'un personnage auguste, de qui elle semblait digne. Sujet d'un monarque ami des arts, de la gloire nationale, et protecteur des entreprises utiles, M. Kessels vit qu'il ne pouvait offrir la Baleine qu'à son roi. Il forma le projet de lui en faire l'hommage, et ce projet fut réalisé.

M. Kessels avait racheté la part de son associé dans l'entreprise [1]. Il fit plusieurs voyages à La Haye : il eut au mois d'avril, l'honneur d'être admis à une audience de Sa Majesté, et de lui expliquer son intention, son plan, et l'avantage qu'il croyait devoir en résulter pour son pays. Rien n'échappe à la pénétration de ce prince éclairé, dont le génie et la popularité relèvent l'éclat de son rang suprême. Les vœux de M. Kessels furent exaucés : Sa Majesté accueillit grâcieusement l'offre qu'il lui fit et accepta la propriété de la Baleine; mais, toujours grande et généreuse, elle consentit que son fidèle sujet en conservât la jouissance pendant un certain nombre d'années, et qu'il pût dans cet intervalle de temps, en user dans son intérêt privé et sans aucun trouble.

Alors M. Kessels revint à Ostende, satisfait de voir son dessein accompli, son entreprise honorée de la plus haute approbation et couronnée du succès le plus éclatant. A son retour, il fit travailler en toute diligence : et secondé par l'habile et modeste M. *Paret*, il vit bientôt le magnifique squelette totalement organisé et en état d'être présenté à l'acceptation de son illustre propriétaire.

Peu de temps après, Sa Majesté choisit un délégué pour prendre, en son auguste nom, posses-

---

[1] M. le docteur Dubar.

sion de la Baleine. M. Kessels voulut que les fêtes qu'il se proposait de donner à l'occasion de la prise de possession, eussent un caractère de splendeur digne de leur sujet : il désira que l'ordre en rehaussât la magnificence. Un programme fut arrêté entre lui et des commissaires pris dans le sein de trois sociétés ostendaises; la confrérie royale de l'Arc-en-Main, dite de Saint-Sébastien; celle de l'Arquebuse, sous la dénomination de Saint-André et Sainte-Barbe; et la société royale de Langue et Poésie nationale, dite de la Rhétorique. Ce programme fut rendu public par la voie de l'impression : celui des tirs à l'arc et à la carabine (dont M. Kessels offrait les prix), fut inséré dans les journaux, pour inviter à ces tirages toutes les sociétés d'archers et d'arquebusiers du royaume.

Le samedi soir, 19 avril, le jeu du carillon annonça les fêtes qui devaient commencer le lendemain. Des étrangers accouraient de tous les points de la province pour y assister, et surtout pour admirer le chef-d'œuvre offert enfin à la curiosité publique. Pendant toute la durée des réjouissances, la foule de ces étrangers et des habitans circulant dans les rues, donnait à la ville une apparence de mouvement et de gaîté qu'on y voit rarement. L'air était sans cesse agité par le son de la musique, ou par le bruit du carillon, des tambours et du canon.

20 Avril.

Le Dimanche, sept heures du matin, des décharges successives de l'artillerie des sociétés de Saint-Sébastien et de Saint-André, furent le signal de l'ouverture de la solennité inaugurale.

A onze heures, ces deux confréries se rendirent à la place d'Armes, où se transporta également la société de Rhétorique. A peine s'y furent-elles réunies, que le cortége défila dans l'ordre suivant, au milieu des flots de curieux et aux vives acclamations de la multitude :

1° *La Rhétorique*, précédée de ses porte-guidons à cheval et de sa section de musique, ayant son capitaine et son drapeau :

2° *La société de Saint-André*, ayant en tête ses cavaliers-guidons, son artillerie et son corps d'harmonie conduit par un officier, et ayant au centre son étendard.

3° *La société de Saint-Sébastien*, aussi précédée de ses guidons, fifres et tambours, et de son artillerie.

Les corps de musique, dans une brillante tenue, exécutaient alternativement des morceaux choisis, en majeure partie, pour cette circonstance extraordinaire.

Tous les membres des trois confréries, portant leurs décorations respectives, s'avançaient sur deux longues files, de chaque côté des rues qu'on traversait : en arrière de chaque société marchait sa Direction. Le chef-homme ou président, était revêtu des marques de sa dignité. Au milieu des deux rangs, paraissaient les étendards, drapeaux, capitaines, maîtres de cérémonies, et les écussons aux armes des confréries.

La société de Rhétorique se faisait remarquer par divers groupes d'enfans, élégamment costumés, et représentant des personnages mythologiques.

Une jeune fille à cheval, figurant la *Renommée*, était en tête du cortége, immédiatement après les guidons, et distribuait au peuple des billets imprimés, où se trouvaient ces vers dont voici la traduction :

« Qui d'un monstre marin naguère échoué sur
» ce rivage, fit le plus grand chef-d'œuvre de
» l'art, dans les Pays-Bas? Ce fut Kessels. Agile
» Renommée, que tes cent bouches répandent ses
» louanges autour du monde entier. »

Puis dans le centre, on voyait paraître tour à tour, *Neptune* et *Amphitrite*, dieux des mers, précédés de deux petits garçons avec l'inscription :

« Notre empire possède le plus grand des animaux. »

Un *Amour* et une *Psyché*, portant de petites

bannières en soie, avec ces mots en lettres d'or :

« Rhetorica — Ostende. »

Apollon et *Minerve;* devant eux, de jeunes garçons supportant l'écusson avec la devise :

« Les Arts et les Sciences sont de notre domaine. »

Deux jeunes filles, sous le costume de *Flore*, tiennent les écussons destinés à recevoir les médailles que M. Kessels se proposait de donner à la société.

Deux autres jeunes filles, avec un écusson et la devise :

« Fête de la baleine. — Honneur à M. Kessels. »

Quatre demoiselles, aussi vêtues comme la *Reine des Fleurs*, tenant en main des bouquets et des rouleaux de papiers contenant les complimens qu'elles étaient chargées de prononcer au nom de la Société.

Les diverses médailles d'honneur obtenues par la Rhétorique pendaient à ses armoiries, que portaient deux *Mameloucks*, précédés d'un troisième.

Dans l'intérieur du cortége et le long de chaque file, marchaient de jeunes garçons munis de drapeaux aux couleurs nationales.

Dans l'ordre qui vient d'être esquissé, et après

avoir défilé sur la place d'Armes, ce cortége traversa les rues de la Chapelle, de Saint-Joseph, et de Saint-Georges, et arriva à la demeure de M. Kessels. Là, celui-ci, remit aux confréries les prix en argenterie et en bijouterie à distribuer après les tirages : ses jeunes fils se joignirent à la société de Rhétorique avec les médailles d'honneur, et lui-même prit place dans le cortége. On se remit en marche au son de l'harmonie, par la rue Saint-Georges, et le long du quai de l'Empereur, jusque vis-à-vis l'Hôtel du Commerce, où s'élevait le pavillon de la Baleine.

Le long du bassin, des pavillons de toutes couleurs flottaient aux fenêtres de beaucoup de maisons et aux bâtimens du Commerce; près du pont et en face de la rue Saint-Thomas, était placé le navire belge *la Flora*, totalement pavoisé, et dont l'artillerie répondait à celle des confréries.

A peine fut-on arrivé près du pavillon, que M. Kessels se rendit à l'hôtel de la Cour Impériale, où S. Exc. M. *le comte de Baillet*, gouverneur de la province, se trouvait avec MM. les membres de la régence municipale. Pendant son absence, le cortége s'ouvrit, et ceux qui le composaient formèrent la haie de chaque côté. Vingt-six musiciens, pris dans les deux corps d'harmonie, entrèrent dans le pavillon de la Baleine, et se placèrent dans l'intérieur du squelette, où un orchestre avoit été placé. Déjà les galeries étaient remplies d'une multitude de dames d'Ostende et des villes voisines, toutes brillantes de grâces et et de parures.

Bientôt après, M. le gouverneur fut, avec sa suite, introduit par M. Kessels dans le salon où S. E. prit place : au moment de son entrée, l'orchestre exécuta un pot-pourri terminé par l'*air national*, et qui fut couvert d'applaudissemens. Dès cet instant, tous les membres du cortége sont admis à la cérémonie, qui ne tarde point à commencer.

Le vin d'honneur est présenté à S. E. et aux autorités qui l'accompagnent. Un *toast* est proposé en l'honneur de S. M. le Roi des Pays-Bas, protecteur des arts et père de la patrie : cette santé chérie, est accueillie avec enthousiasme et couverte d'acclamations unanimes et des cris répétés : *Vive le Roi!*

M. le gouverneur, comme délégué de S. M., examine avec la plus grande attention le squelette et ses diverses parties; il témoigne à M. Kessels qui le conduit, sa surprise et sa satisfaction, le félicite de sa persévérance et de la rare perfection de ce grand et difficile travail.

Parvenu sous la gueule de l'animal, où une table se trouve préparée, M. le délégué fait rédiger le procès-verbal de la prise de possession au nom du Roi, qui accorde à M. Kessels, la faculté de se servir pendant six ans, du squelette de la

Baleine. Ce procès-verbal, lu à haute voix, est ensuite signé par S. E. et par M. Kessels. S. E., ainsi que MM. *J. B. H. Serruys*, bourgmestre, *F. Huyse* et *A. Deknuyt l'aîné*, échevins, et *Donny*, secrétaire de la ville d'Ostende, inscrivent aussi leurs noms sur un registre qui leur est présenté.

S. E. s'adressant de nouveau à M. Kessels, lui annonce qu'elle est spécialement chargée par son auguste souverain, de lui donner l'assurance de sa satisfaction royale, et de lui faire connaître en même temps, que S. M. la Reine a grâcieusement accueilli l'hommage des deux tableaux de la Baleine, qu'il avait eu l'honneur de lui offrir.

Les médailles d'or sont ensuite détachées par M. Kessels, et délivrées par M. le gouverneur, par M. le bourgmestre et par M. le lieutenant-colonel *Defrency*, commandant de la place, aux chefs des sociétés à qui elles sont destinées, savoir :

A M. *Jacques de Ridder*, en sa qualité de chef-homme de la confrérie royale de Saint-Sébastien ;

A M. *Philippe de Brock*, chef-homme de celle de Saint-André, et comme représentant le corps d'harmonie de cette société ;

A M. *Aimé Liebaert*, président de la société royale de Rhétorique, qui reçoit aussi des mains de M. Kessels la 4ᵉ médaille, par lui offerte à la section de musique de la même société.

Ces Messieurs, répondant aux complimens qui leur sont faits, expriment leurs remercîmens pour l'honneur qu'ils reçoivent, et attestent que leurs Sociétés en sont aussi flattées que sensibles aux égards de M. Kessels, dont elles conserveront un éternel souvenir.

Les jeunes demoiselles de la Rhétorique, chargées de prononcer des complimens, sont présentées par M. Liebaert, et les disent de mémoire dans l'ordre suivant :

A S. Exc. comme Délégué de Sa Majesté, par Mˡˡᵉ M. Van Cuyl :

« Venu au nom du Prince, vous avez mainte_
» nant, noble Comte, pris possession de cet éton-
» nant chef-d'œuvre : veuillez, en présentant
» votre rapport au Souverain, lui dire de quelle
» manière nous avons ici rempli les devoirs de
» l'amitié ».

A M. le Gouverneur.

« Honorable gouverneur, agréez nos remer-
» cîmens. Quand l'amitié nous honore, qui vient
» y répandre tant d'éclat? Qui augmente le prix
» de ses dons?.... Noble Comte, c'est vous! »

A M. Kessels , au nom de la Société.

« Un riche présent est offert en cette fête de
» la Baleine : un membre de la société poétique
» le lui présente amicalement[1]. Jamais elle ne
» passe sous silence ce qui est digne de remarque;
» et le trait de Kessels vivra à jamais près d'elle ».

Au même, par la Section de Musique.

« Déjà l'honneur fait à la société a rejailli sur
» nous; elle partage maintenant celui que nous
» recevons. Ce double don, Kessels, redouble
» l'amitié qu'on ne peut assez chanter, et qui
» pour vous, existera toujours dans ces lieux ».

A M. le Bourgmestre [2].

« Recevez, premier magistrat de cette ville,
» en ce moment plein de charmes, les hommages
» des rhétoriciens. Partout où l'on nous voit en
» joie, peut-on ne point vous rencontrer ? »

M. Dubar, qui avait, ainsi que l'habile naturaliste Paret, été présenté à Son Excellence , ter-

---

[1] M. Kessels est membre de la Société de Langue et
Poésie nationale.

[2] Une indisposition de la demoiselle chargée de ce compliment a empêché qu'il fut adressé à ce respectable magistrat.

mine la séance en prononçant un discours dont
des copies imprimées sont distribuées dans l'as-
semblée.

M. le Gouverneur, se rendant avec bienveil-
lance au désir qu'on lui témoigne, est reconduit
à son hôtel par le cortége, marchant dans l'ordre
observé lors de son arrivée. On parcourt ainsi,
au son harmonieux des deux corps de musique
exécutant alternativement, le quai de l'Empereur, les rues Saint-Georges, Saint-Joseph et du
Quai, le marché aux Herbes, la rue de la Bride,
la place d'Armes et la rue de la Chapelle, jusqu'à
la Cour impériale. Son Excellence étant rentrée
chez elle, les trois Sociétés se séparent vers deux
heures, et chacune d'elles retourne à son hôtel.
M. Kessels, qui désirait faire participer à ses
fêtes la population entière, n'avait point oublié
la classe nécessiteuse. Une commission, composée
de deux de MM. les administrateurs du bureau
de bienfaisance et de six autres membres pris
dans les trois confréries, fut chargée, pour M. Kessels, d'une distribution de vivres aux indigens
de la ville. Cette distribution, commencée à midi
en différens endroits, consistait en 1000 pains,
1000 litres de bière et 500 livres de fromage, et
répandit ses bienfaits sur cette classe intéressante
et malheureuse.
Cependant un grand nombre d'étrangers de

distinction et d'habitans invités se réunissaient, entre deux et trois heures à l'Hôtel du Commerce. Dans la grande et superbe salle de cet hôtel, sur une table disposée dans toute la longueur, en forme de fer-à-cheval et agréablement décorée, un repas splendide était offert par M. Kessels, sous le titre modeste de *déjeûner-dinatoire*.

Vers trois heures et demie, M. le gouverneur fut introduit dans la salle par l'auteur de la fête et par les autorités locales qu'il avait priées de se joindre à lui en qualité de commissaires. Son Excellence et les autorités ayant pris les places d'honneur, les invités, au nombre de cent cinquante personnes environ, s'assirent indistinctement au banquet, où régnèrent la liberté et l'enjouement. Pendant le repas, des artistes exécutèrent des morceaux d'harmonie, et accompagnèrent une cantatille de circonstance chantée par un amateur.

Au dessert, un *toast* fut proposé en l'honneur de Sa Majesté et de la Famille Royale : cette santé, accueillie avec transport et portée avec respect, fut couverte de longues acclamations et de *vivat* redoublés, témoignages bruyans et sincères du dévouement de tous les convives à ces augustes personnes.

Peu après, une nouvelle santé portée à S. Exc. M. le comte de Baillet, gouverneur de la Flandre Occidentale, fournit l'occasion d'exprimer à ce digne magistrat les sentimens de tous ses administrés. Elle fut suivie de celles de M. Kessels, de MM. le bourgmestre, le commandant de la place, le corps d'officiers de la garnison, le commissaire du district, le commandant de la garde bourgeoise, le consul de S. M. Britannique, etc.

La gaîté augmenta chez les conviés ; quelques uns entonnèrent de joyeux refrains et des chansons, entre lesquelles on remarqua plusieurs vaudevilles ayant pour sujet la *Baleine* qui avait causé cette charmante réunion. On entendit aussi, avec un véritable intérêt, M. Liebaert prononcer de mémoire un discours relatif à l'événemènt, et où il exprimait à M. Kessels les sentimens que partagent tous ses concitoyens. — Le festin se prolongea au milieu d'un aimable désordre ; et seulement à sept heures et demie, le départ de M. le gouverneur devint pour les convives le signal de la retraite.

Pendant ce temps, et depuis quatre heures de l'après-midi, des jeux populaires avaient attiré dans la nouvelle ville une foule empressée et bruyante. Deux mâts de cocagne, surmontés de trophées et comestibles, s'élevaient sur le Marché Neuf, et invitaient les amateurs à cueillir des palmes succulentes, tandis qu'une course en sacs excitait les concurrens à faire preuve d'adresse et d'agilité. Les prix de ces exercices consistaient, pour le dernier en deux montres d'argent, et pour le premier, en semblables montres, en jambons,

langues fumées, etc. Ils furent vivement dis-
putés et remportés au milieu des éclats de rire et
des cris de joie d'un peuple immense.

Peu à peu le jour disparut ; mais à peine la nuit
commençait à étendre ses voiles, que déjà le signal
était donné pour de nouvelles réjouissances. Le
son du carillon, les fanaux placés sur le navire
la Flore, et les accords de l'harmonie, attirèrent
encore les curieux vers le quai de l'Empereur. Un
feu d'artifice y fut tiré à dix heures. Selon les
apprêts, on s'attendait à voir l'obscurité de la
nuit céder au vif éclat de pièces nombreuses ;
mais leurs efforts furent infructueux. Une pluie,
d'abord légère, mais qui se prolongea en augmentant, détruisit le prestige d'un agrément in-
connu à la majorité de la population. Toutefois la
nouveauté du spectacle arrêta la masse des spectateurs qui, vers minuit, se dispersèrent pour re-
gagner leurs demeures.

21 avril.

La journée du lundi commença avec tous les
signes d'allégresse qu'on avait remarqués la veille.
Dès 9 heures du matin, les sociétés de Saint-
André et de la Rhétorique, se rendirent à l'hôtel
de celle de Saint-Sébastien, pour la conduire au
lieu où devait se faire le tirage à l'arc. Le cortége, dans l'ordre qui a été précédemment dé-

taillé, défila sur la place d'Armes, où les détachemens de confréries, venus d'autres communes pour concourir aux prix, se joignirent aux trois sociétés, les suivant avec étendards, tambours et canons. Ces détachemens, au nombre de neuf, étaient les suivans :

<pre>
De Leffinghe. . . . .   8 archers.
   Sainte-Croix 16
   Brédene. 12
   Nieuport. 12
   Blankenberghe 10
   Dudezeele 4
   Ghistelles. 8
   L'Ecluse. 4
   Thourout. 4
</pre>

On arriva au parc de Saint-Sébastien, près de la porte de Bruges, avec les prix accordés par M. Kessels, et qui étaient :

Pour l'oiseau d'honneur, une montre en or ;

Pour les deux oiseaux de côté, deux boîtes à tabac, en argent ;

Pour dix petits oiseaux, dix autres prix en argenterie.

Des flèches d'honneur furent décochées par M. Kessels et par les chefs des trois confréries ostendaises, pendant que les deux corps de musique exécutaient alternativement. Ensuite cent quatre-vingts archers, divisés en pelotons de quatre hommes, dans l'ordre indiqué par le sort, se disputèrent le prix de l'adresse. Le tirage se prolongea jusqu'à midi, et fut repris l'après-dîner avec une nouvelle ardeur. Un petit nombre d'oiseaux fut détaché, et le tir ajourné au lendemain. Néanmoins, le sieur Willems, de la confrérie de *Blankenberghe*, ayant abattu le maître-oiseau, reçut le soir même, des mains de M. Kessels, la montre d'or destinée au vainqueur.

Vers quatre heures, un aérostat présenté par un amateur partit de l'Hôtel du Commerce, et s'éleva dans les airs; mais l'humidité de l'atmosphère arrêta son essor, et il tomba à peu de distance de la ville, sur le territoire de Slykens.

La journée se termina, à dix heures du soir, par deux bals, l'un donné à l'hôtel de la Rhétorique, aux familles des membres des trois sociétés ostendaises et aux confrères ou amateurs étrangers; l'autre, dans la grande salle de l'Hôtel du Commerce, aux étrangers et habitans spécialement invités. Ce dernier bal fut honoré de la présence de S. A. le Prince de Saxe-Weymar, et embelli par une foule de dames élégamment parées. M. et Mᵐᵉ Kessels y firent, avec autant d'aisance que d'amabilité, les honneurs de la salle et d'un élégant buffet, à environ trois cents personnes dont se composait la réunion. On vit avec peine le retour du jour, qui vint arracher aux plaisirs de cette fête charmante.

Mardi, 22 avril.

Celle du lendemain n'offrit pas moins d'attraits, et, quoique le temps continuât d'être pluvieux, elle n'attira pas moins de spectateurs que les jours précédens.

Un ballon, plus grand que celui de la veille, fut lancé dans l'après-dîner, mais s'incendia en l'air.

A deux heures, les trois sociétés se réunirent à l'hôtel des Arquebusiers, pour les conduire à la perche où devait avoir lieu le tir à la carabine. Le cortége traversa d'abord une partie de la ville et défila devant la Cour Impériale, où était descendu, ce même jour, M. le gouverneur avec sa famille : puis on se transporta au parc hors de la porte de Bruges.

Après les coups d'honneur tirés comme la veille, environ quatre-vingts carabiniers de la ville et du dehors se disputèrent les prix, qui consistaient en trois belles pièces d'argenterie :

1°. Un superbe marabout, surmonté d'une baleine ;

2°. Une belle boîte à tabac ;

3°. Une grande boîte à cigares.

L'oiseau d'honneur fut abattu dans l'après-dîner, et à sept heures, la confrérie de Saint-André retourna à son hôtel, après avoir fixé la continuation du tirage au lendemain matin.

Le soir, la salle de l'Hôtel du Commerce fut transformée en temple d'Euterpe, et un concert y réunit une société non moins nombreuse qu'au bal du jour précédent.

Le tir à l'arc et celui à la carabine continuèrent le mercredi 23 ; les prix principaux furent remportés par les personnes ci-après nommées :

Tir à l'arc.

Prix d'honneur : M. P. Willems, de Blankenberghe ;
2ᵉ prix : M. Desmet, d'Ostende ;
3ᵉ prix : M. Vandenberghe, de Nieuport.

Tir à la carabine.

Prix d'honneur : M. Bassyn, d'Haerlebeke ;
2ᵉ prix : M. Dhuyvetter, d'Oudenaerde ;
3ᵉ prix : M. Dekemel-Druant, d'Ostende.

Les vainqueurs reçurent les pièces d'argenterie dans les hôtels respectifs des confréries, et le vin d'honneur leur y fut présenté. Ceux du tir à l'arquebuse furent, par la société de Saint-André, conduits à l'Hôtel du Commerce et introduits au bruit d'une décharge de mousqueterie. M. Dhuyvetter, en recevant son prix, exprima ses remercîmens et ses vœux par quelques couplets en langue nationale, de sa composition et qui firent grand plaisir aux auditeurs.

Ce fut aussi le même jour, qu'une table dres-
sée à l'Hôtel du Commerce, rassembla au dîner tous
les ouvriers qui, d'une ou d'autre manière, avaient
été employés pour la Baleine. A qui connaît la
gaîté naturelle à ces hommes laborieux, il est
superflu de présenter le tableau de l'hilarité qui
présidait à leur table. Au milieu des accens de la
joie, on distinguait les bénédictions qu'ils appe-
laient sur celui qui, pendant la saison la plus rigoureuse, avait assuré leur existence et celle de
leurs familles.

Pour mettre un terme aux réjouissances populaires, M. Kessels donna, dans la soirée du jeudi
24, au bénéfice des indigens, un concert dans
l'intérieur du corps de la Baleine.

Le pavillon resta ouvert depuis le 20 avril, et
les curieux purent sans discontinuation admirer
le chef-d'œuvre qui y reposait. M. Kessels y reçut les félicitations de tous les connaisseurs :
celles de S. A. le prince de Saxe-Weymar, et
de S. Exc. le gouverneur de la province, qui,
séparément, allèrent visiter le chef-d'œuvre
d'anatomie, dûrent surtout flatter le possesseur.

La clôture du pavillon devait avoir lieu le
vendredi 25, et une partie des habitans n'avait
pu encore jouir de la vue du squelette de la Baleine; M. Kessels voulut qu'aucun d'eux ne fût
privé de ce spectacle : il annonça que, dans la

matinée de ce jour, tous ceux qui n'avaient point été admis au pavillon, bourgeois ou militaires, y seraient reçus sans rétribution. Cette annonce satisfaisait les classes non aisées; elle produisit son effet naturel. Plusieurs milliers d'individus se succédèrent sans interruption pendant toute la matinée, et contentèrent leur avide curiosité. Cette curiosité était d'autant plus naturelle dans la classe laborieuse et chez les malheureux, qu'elle se rapportait aussi à celui dont les travaux avaient, pendant plusieurs mois, assuré leur existence.

On commença le lendemain à démonter la Baleine et son logement; puis on embarqua le tout sur deux bélandres louées pour le transport. Le 30 au matin, on vit sortir du bassin le bateau de la baleine, sur lequel flottait le drapeau Orange et le pavillon national. Les ouvriers, qui regrettaient son départ, traînèrent la bélandre hors de la ville, jusques près de Slykens, au son de la musique du corps de Saint-André. L'embarcation, saluée de plusieurs coups de canon, continua alors sa route vers Gand, où la Baleine devait être de nouveau exposée aux regards du public.

Les deux dernières journées d'avril furent consacrées à de brillantes fêtes particulières données à M. Kessels, par MM. les Anglais qui habitent Ostende, ainsi que par l'état-major et le corps d'officiers de la garnison. Enfin, un banquet splendide lui fut offert, à l'hôtel de la Régence municipale, par le magistrat et les notables habitans. Au dessert, M. le bourgmestre-président présenta à M. Kessels une superbe boîte en or et à carillon, avec les armes de la ville gravées en relief, et l'inscription suivante :

« La ville d'Ostende, à H. Kessels. - 1er mai 1828. »

Ce don lui fut fait, au nom de la commune, comme un gage de considération et de reconnaissance. M. le bourgmestre prononça, à cette occasion, un discours éloquent, où il rappelait succinctement toutes les circonstances de l'événement, et celles de l'échouement des cétacés trouvés sur les côtes de la Flandre, à différentes époques. L'aimable convié répondit au compliment que renfermait ce discours par des stances en langue nationale, remarquables par l'expression des sentimens les plus nobles et les plus généreux.

Appelé à Gand, pour l'ouverture de l'exposition, M. Kessels quitta les murs d'Ostende le lundi, 5 mai. Les ouvriers, dont il s'était montré le père, voulurent, à son départ, lui donner une marque signalée de leurs regrets et de leur reconnaissance, mais il se déroba à leur empressement et à un honneur qu'il jugeait ne lui être point dû.

Parvenu au terme de son travail, l'auteur de cette Notice se berce de l'espérance que ses concitoyens l'auront lue avec plaisir; qu'ils y auront trouvé le langage de la vérité et le récit fidèle de faits qui seront long-temps gravés dans leur mémoire. Eh! qui d'entre eux ne se rappellerait agréablement les détails d'une entreprise qui a causé tant de bien à la population entière?....

Pour faire connaître en partie les bienfaits de 'événement, qu'il soit permis d'ajouter que la dépense pour la baleine s'élevait, avant le départ, à plus de 112,000 fr. Cette somme a été employée partiellement à l'achat du cétacé, à sa dissection, à la construction du pavillon et aux fêtes de l'installation : le surplus a été réparti entre les artistes et ouvriers de tout genre qui ont été employés. Dessinateurs et peintres, orfèvres et graveurs, mécaniciens et charpentiers, forgerons, tapissiers, restaurateurs, voituriers, journaliers, etc; presque tous habitaient Ostende; tous ont tiré fruit de cette vaste entreprise. A ces avantages, il faut ajouter, outre l'utilité générale pour la science, la conservation d'un chef-d'œuvre d'anatomie comparée, les bénéfices considérables procurés aux marchands ostendais, et surtout aux aubergistes, par l'affluence des consommateurs étrangers accourus de toutes parts, et par les fêtes particu-

lières qui ont signalé l'époque du séjour de la
Baleine.

On ne peut contester à une pareille entreprise
autant d'utilité dans les résultats, que de grandeur dans le but et la multiplicité des moyens.
Et cependant un homme seul la dirigea : patriote,
il sacrifia son temps, sa place, et même les espérances de l'avenir, au perfectionnement de
cette œuvre intéressante ; il exécuta ce qu'il
avait projeté. — Puisse-t-il recevoir la récompense de sa persévérance ! Puisse la fortune le
combler de ses faveurs ! C'est le vœu que forment
tous les concitoyens et les amis de M. Kessels.

APPENDICE.

N° 1.

Couplets

Composés par M. Villiot, Contrôleur du port à Anvers, et chantés
au déjeuner-dinatoire du 20 avril 1828, par M. E. Dubar fils.

Air. Du Pas redoublé.

L'ON a chanté les fleurs, le vin,
  Les femmes et la table,
La nuit, le jour, le lendemain,
  Et l'histoire et la fable.
Ah! combien de couplets divers
  Sortent de chez Balaine [1]
Changeant de sujets dans mes vers,
  Je chante la Baleine.

Ce n'est pas un petit sujet,
  Et l'on peut s'en convaincre;
Mais où la difficulté naît,
  Il faut savoir la vaincre.
Et si j'avale le goujon,
  Ce qui me ferait peine,
J'aurais pour consolation
  Que c'est pour la Baleine.

[1] Restaurateur du *Rocher de Cancale*, à Paris.

Ce cétacé monstrueux ,
   D'un aspect si terrible ,
Et dont s'épouvantent nos yeux ,
   Fut fameux dans la Bible.
Un beau jour, jeté dans la mer ,
   Sans même y perdre haleine ,
Jonas , au lieu de se noyer ,
   Entra dans la Baleine.

⚜

Comme un homme , un singe sauvé
   Par un dauphin alerte ,
S'étant décélé, fut noyé
   Par la bête diserte.
Ce poisson , que jadis citait
   Le naïf La Fontaine ,
N'était pas dauphin , s'il vous plaît ;
   C'était notre Baleine.

⚜

Cet animal que dans mes chants
   Je célèbre en masette ,
Avait, dit-on, plus de mille ans :
   Ah ! quelle heureuse bête !
Amis , en dépit du souci
   Que notre vie entraîne ,
Que ne vit-on mille ans ici ,
   Ainsi que la Baleine !

⚜

Dans sa mâchoire on a dansé
   En grande compagnie ,
Et l'on a porté la santé
   D'une reine chérie.

Que de mâchoires nous voyons,
  Qui ne nous font que peine ;
En fait de mâchoires, chantons
  Celle de la Baleine.

❧⊛☙

Et puis rentrant encore un coup
  Dans sa gueule béante,
Amis, sablons un nouveau coup,
  La séance tenante.
A notre bon Roi buvons tous
  Rasades par douzaines :
Qu'il règne aussi long-temps sur nous
  Qu'a vécu la Baleine.

❧⊛☙

Buvons à tous ses descendans,
  Buvons à notre Reine,
Et pour chacun de leurs enfans
  Vidons la coupe pleine.
Si je pouvais les rendre heureux,
  Nargue de la migraine,
Je boirais tant de vin pour eux
  Qu'a bu d'eau la Baleine.

❧⊛☙

Et puis, pour vous remercier,
  Vous qui, dans cette enceinte,
Avec nous venez admirer
  Cette loge bien peinte ;
Je porte ici votre santé,
  Et la bois d'une haleine,
Quoique ce soit un coup porté
  D'auprès de la Baleine.

Et vous pour qui du fond des mers,
  Ce monstre sur ces côtes
Vint, quittant ses foyers amers,
  Se faire un de vos hôtes,
Kessels, je bois à vos succès :
  Puissiez-vous par semaine
Gagner cent mille écus bien faits,
  En montrant la Baleine.

BALEINE.

N° 2.

Couplets

Chantés par l'auteur, au déjeuner du 20 avril.

Air : De la Croisée.

TANT de sujets ont tour à tour
Fait naître mainte chansonnette,
Que ma pauvre muse, en ce jour,
Avait craint de rester muette.
Mais si des chansonniers souvent
Petit sujet remplit la veine,
J'ai choisi le mien assez grand
  Je chante la Baleine.   (bis.)

Ce nom, sous un rapport nouveau,
Des chanteurs obtint les suffrages ;
Le restaurateur du *Caveau*,
M. Balaine, eut leurs hommages.

Chez lui parfois , entre deux vins ,
Les fils de Momus , panse pleine ,
Avec gaîté , dans leurs refrains ,
   Chantaient : vive Balaine !

꘎

Le bon Jonas , est-il écrit ,
Vécut trois jours dans la baleine ,
Et du monstre qui l'engloutit
Il sortit vivant et sans gêne.
Ce fait est admis sans débats ;
Mais un auteur perdrait sa peine ,
S'il vous assurait que Jonas
   Engloutit la Balcine.

꘎

On vit le public incertain
Entre l'éléphant , les Osages ,
Et la girafe au port hautain ;
Ils se partageaient les suffrages.
Mais abaissez vos pavillons ,
Eléphant et girafe vaine :
Vous n'êtes que des mirmidons
   Auprès de la Balcine.

꘎

Un citoyen sut l'acquérir
Par un zèle patriotique ;
A son Prince il vient de l'offrir
Au sein d'une fête civique.
Puisse l'honneur et puisse l'or
Le récompenser de sa peine !
Puisse-t-il se faire un trésor
   Grand...... comme la Balcine !

L'auteur de ces vers imparfaits ,
Messieurs, doit rougir du contraste
Qu'offrent de si maigres couplets
Auprès d'un sujet aussi vaste.
Mais il a fait un tel effort ,
Qu'afin de retrouver haleine ,
Il viderait un rouge-bord
 Grand comme une Baleine.

Par M. BERNAERT.

N° 3.

EXTRAIT

Du discours prononcé de mémoire par M. A. Liebaert, au
déjeuner-dinatoire du 20 avril 1828.

MESSIEURS,

Le passé, même sans remonter bien haut, nous
offre plusieurs événemens remarquables survenus
dans la ville d'Ostende; il nous retrace un bom-
bardement, deux submersions de pontons, des
inondations et l'explosion d'un magasin à poudre.
Déjà nous regardons ces événemens comme ap-
partenant à l'histoire, ou plutôt aux chroniques
de la ville : et quoique notre mémoire nous les
rappelle encore, les sensations douloureuses qu'ils
ont fait naître sont déjà, sinon oubliées, du moins
très affaiblies, et l'influence du temps les aura

bientôt entièrement effacées de notre souvenir. D'ailleurs des circonstances récentes et d'une autre nature, se présentent maintenant à nous, sous un aspect plus riant.... Vous aurez compris, Messieurs, que je vais avoir l'honneur de vous entretenir de l'événement vraiment extraordinaire, qui a amené la fête qui nous réunit aujourd'hui; l'échouement sur nos côtes, d'une baleine colossale. En reportant nos pensées à l'époque de l'échouement, qui, parmi nous, n'est pas frappé de l'immense résultat d'une chose qui, toute étonnante qu'elle nous ait d'abord paru, n'indiquait nullement qu'elle dût ou pût arriver au point où nous l'admirons actuellement?

Une baleine s'échoue, la rareté du cas attire un nombre prodigieux de curieux, des savans viennent l'examiner, quelques personnes calculent la quantité d'huile qu'on en peut extraire et la somme qu'elle produira : la valeur de l'animal est ainsi l'objet de beaucoup de pourparlers. Des offres sont faites, on cite des prix courans de l'époque où nos ancêtres ne considéraient ces cétacés que comme marchandise; et si les sciences étaient sous mains, pour quelque chose dans ces offres, les propositions ne s'en ressentaient guère. Mais un homme entreprenant se présente, son regard a percé dans l'avenir, et a dépassé les bornes que la vue rétrécie ou la timidité des autres spéculateurs n'a pu atteindre. L'accord est

conclu : bien grand fut le désappointement. De nouvelles offres furent faites, de hauts cris furent jetés, des doutes s'élevèrent sur la destination de l'animal : il semblait que ce fût pour la première fois qu'on eût les sciences en vue. On craignait que la Baleine ne passât aux étrangers, et ne fût ainsi, entièrement perdue pour le pays. Tout se calma cependant. . . . .
Le plan que M. Kessels s'était d'abord tracé, et dont il n'a pas dévié, s'est graduellement déroulé sous nos yeux. Nous avons pu suivre, jour par jour, la marche des opérations. Ses desseins ne nous étaient point cachés ; et cependant nous sommes stupéfaits, en voyant le point de perfection où sa persévérance et de grands sacrifices les ont amenés. Rien n'a donc été perdu pour les arts ; et la preuve la plus convaincante du mérite de l'ouvrage, c'est que Sa Majesté, notre auguste monarque, que M. Kessels nomme, à juste titre, protecteur des arts et père de la patrie, a daigné en agréer l'hommage. L'événement, Messieurs, eut lieu près de cette ville ; tout se fit et se développa ici ; l'acquéreur y est encore domicilié ; ceux qui l'ont aidé, MM. Dubar et Paret, déjà cités dans cette notice, ou qu'il a employés, sont ostendais de fait, ou demeurent aux portes de la ville. Qu'on ne pense pas que je refuse d'admettre que des étrangers n'aient pu donner de bons conseils : que la chose soit telle, si l'on veut ;

mais elle ne change rien à la question. On n'a
jamais vu disputer à une ville, l'honneur d'avoir
produit tel ou tel écrivain, parce que dans ses
ouvrages, il avait mis à profit les lumières des
autres. Je réclame donc pour l'honneur de ma
ville natale, qu'on dise *la Baleine royale d'Ostende*, quoique je sois persuadé qu'un tel monument anatomique ne peut y rester. Nous le pos-
sédons encore, il est vrai ; mais dans quelques
jours il aura quitté nos murs pour n'y rentrer
jamais. Consolons-nous cependant, en songeant
qu'il est destiné à être un des principaux orne-
mens de l'un ou de l'autre de nos musées natio-
naux.

Il est une chose, Messieurs, bien plus regret-
table, c'est que son digne propriétaire se propose
aussi de quitter notre ville, et peut-être dans les
mêmes intentions. Mon projet n'est point de le
flatter ; mais des relations d'amitié existaient entre nous ; c'est donc un ami que je regrette. Il
était membre de la société royale de la Rhétorique ; c'est donc un confrère aussi zélé qu'ins-
truit dont le départ me fait peine. Enfin, comme
Ostendais et administrateur des pauvres, je dé-
plore la perte d'un homme, qui, avant comme
depuis l'événement qui l'a mis dans un plus
grand jour, s'est montré éminemment charitable,
bienfaisant, et toujours disposé (autant qu'il dé-
pendait de lui), à adoucir les malheurs de l'indi-

gent. La voix du peuple est la voix de Dieu,
dit-on : eh bien! qu'on consulte nos laborieux
artisans, nos ouvriers de toute classe, la population entière; et je consens à me passer condam-
nation, si tous ne confirment ce que je viens
d'avancer. . . . .

* * *

N° 4.

DISCOURS

Adressé à M. Kessels, par M. J. B. H. Serruys, Bourgmestre,
au dîner du 1er mai 1828.

MONSIEUR KESSELS,

On lit dans les chroniques de Flandre que, au
mois de novembre 1403, à la suite d'une tempête
épouvantable, et du débordement de la mer,
huit baleines, chacune de la longueur d'environ
70 pieds, furent à la fois jetées sur le rivage
près d'Ostende.

L'histoire rapporte seulement que chacun de ces
cétacés produisit au-delà de 25 tonnes de lard;
et pour perpétuer cet événement rare, on fit alors
en langue latine le chronogramme suivant :

La Flandre s'empare avec joie de huit énormes baleines.

Dans la suite, et quand on eut acquis des connaissances plus étendues et plus approfondies dans les arts et dans les sciences, beaucoup de naturalistes prirent plaisir à la dissection des animaux, et un petit nombre de cabinets d'histoire naturelle ou muséums, s'embellit de squelettes de baleines. Mais jusqu'à ce jour, on n'avait jamais possédé un cétacé aussi grand que celui qui fut conduit ici au mois de novembre dernier, et dont vous avez fait l'acquisition, Monsieur, dans l'unique et noble dessein d'enrichir notre heureuse patrie de cette merveille de la nature.

L'ingénieuse et parfaite anatomie de ce rare cétacé, que vous avez si courageusement entreprise, était une chose de la plus grande importance, sujette à des frais extraordinaires, et (si je puis m'exprimer ainsi) pleine de dangers; plus d'un de vos concitoyens a tremblé pour le résultat.

Mais, par une persévérance sans exemple, par un zèle et une sage direction infatigables, et aussi à l'aide d'hommes expérimentés en anatomie, vous avez su, Monsieur, surmonter toutes les difficultés qui accompagnent de si gigantesques entreprises : nous espérons que bientôt vous jouirez des fruits bien mérités de tous vos sacrifices.

La ville d'Ostende se souviendra long-temps,

M. Kessels, que vous avez pendant l'hiver entier,
et jusqu'à ce jour, procuré de l'ouvrage à un
grand nombre d'ouvriers et d'artisans, et que
vous les avez récompensés d'une main généreuse.
Les pauvres, en particulier, n'oublieront point ai-
sément votre générosité, et la Régence m'a chargé
de la mission honorable de vous remercier,
Monsieur, et de vous prier en même temps d'ac-
cepter, en mémoire de cet événement, et comme
un gage de véritable reconnaissance, le faible don
que j'ai l'honneur de vous offrir au nom de la
ville d'Ostende.

FIN.